Bastian Naumann

# Die Erdölwirtschaft der Arabischen Halbinsel

GRIN Verlag

**Bibliografische Information der Deutschen Nationalbibliothek:**

Die Deutsche Bibliothek verzeichnet diese Publikation in der Deutschen National-
bibliografie; detaillierte bibliografische Daten sind im Internet über http://dnb.d-
nb.de/ abrufbar.



**Impressum:**

Copyright © 2005 GRIN Verlag GmbH
Druck und Bindung: Books on Demand GmbH, Norderstedt Germany
ISBN: 978-3-640-27052-1

**Dieses Buch bei GRIN:**

http://www.grin.com/de/e-book/122880/die-erdoelwirtschaft-der-arabischen-halb-
insel

Geographisches Institut der Christian-Albrechts Universität zu Kiel

<u>Hauptseminar: Regionalentwicklung in Asien</u>

Autor der Hausarbeit: Bastian Naumann

Sommersemester 2005

# <u>Die Erdölwirtschaft der</u>

# <u>Arabischen Halbinsel</u>

Inhaltsverzeichnis:

# 1. Einleitung

Die heutige globale Wirtschaft ist derart auf nur begrenzt verfügbare Fossilbrennstoffe angewiesen, dass der wirtschaftliche Alltag in den Industrienationen, doch auch in den meisten Schwellen- und Entwicklungsländern ohne fossile Brennstoffe nicht mehr zu bewerkstelligen ist. Elektrizität, Wärme, Transport, Bau- und Kunststoffe werden auf der ganzen Welt zumeist aus fossilen Energieträgern gewonnen, was dort jeden einzelnen Menschen in gewisser Weise von den Herkunftsländern der Fossilbrennstoffe abhängig macht. Den Löwenanteil dieser fossilen Brennstoffe nimmt hierbei das Erdöl ein, da es am vielseitigsten verwendbar ist. Ein Großteil der Erdöls (EÖ) wird auf der Arabischen Halbinsel (AH) gefördert. Die Erdölwirtschaft (EW) auf der AH wird Gegenstand meiner Arbeit sein.

# 2. Geographische Einordnung

Die AH ist ein Teil Westasiens, genauer gesagt, ein Teil des Nahen Ostens. Im Nordosten wird sie durch den Persischen Golf (PG) begrenzt, der wiederum ein Seitenmeer des Indischen Ozeans ist. Nach Osten und Süden hin schließt sich der Indische Ozean an. Im Westen trennt das Rote Meer die AH von Afrika. Im Norden folgt die „Grenze" der AH im Ungefähren dem Sinai über die Syrische Wüste hin zum Zweistromland und schließlich wieder zum PG. Da sich die folgende Arbeit aber nicht mit der AH allgemein beschäftigt, sondern vielmehr mit der EW der AH, werde ich auch lediglich auf die Länder eingehen, in der die EW eine Rolle spielt. Dementsprechend finden der Jemen und das Königreich Jordanien in meiner Hausarbeit keine Beachtung. Die behandelten Länder werden im Folgenden der Einfachheit halber schlicht Golfstaaten (GS) genannt. (Diercke 1985; 16f)

# 3. Die Entstehung und Eigenschaften der Erdöllagerstätten

Die Theorie der *organischen Genese* ist die heute weitgehend akpetierte, auch noch nicht alle Faktoren, die zu einer EÖ Bildung führen, vollständig erforscht sind Jene geht davon von der Beobachtung aus, dass im EÖ hochmolekulare Verbindungen nachgewiesen wurden, für deren Entstehung man organische Verbindungen voraussetzen muss. Unabhängig davon besteht aber auch hier ein Zusammenhang zwischen einer EL und seinem Muttergestein, d.h. eine Erdölbildung ist auch an geologische Faktoren geknüpft.

Als Ausgangsmaterial für das EÖ werden Überreste von im Wasser lebenden Mikroorganismen angesehen, die unter Sauerstoffabschluss abgelagert wurden und schnell von Sedimenten bedeckt worden sein müssen. Die immensen Mengen an Biomasse konnten dabei nur in tropischen Flachmeeren entstehen. Zur Entstehungszeit des EÖ befanden sich entlang des Äquators zwei lang gestreckte Flachwasserbecken, die die Vorraussetzungen erfüllten. Durch tektonische Schließungsprozessen liegen diese Gebiete heute entweder kontinental oder – wie im Falle des PG – in Restmeeren. Die EL des PG sind darüber hinaus deshalb so gut erschließbar, da die erdölhaltigen Sedimente von der tertiären Gebirgsbildung nur randlich mitbetroffen waren. Dass eine Gebirgsbildung auch eine Entweichung des EÖ bewirken kann, ist am Beispiel des Omangebirges gut nachvollziehbar.

Innerhalb der Sedimente unterliegt das organische Ausgangsmaterial (Kerogen) einem Entwicklungsprozess, in dessen Verlauf unter Einfluss von Temperatur, Zeit und Druck mobilisierungsfähige Kohlenwasserstoffe gebildet werden können. Im weiteren Verlauf müssen die flüssigen Kohlenwasserstoffe einen Millionen von Jahren andauernden Reifeprozess durchmachen und darüber hinaus Temperaturen von 65-150°C ausgesetzt sein, ergänzend bedarf es einer weiteren Verdichtung durch Überlagerung, also zunehmenden Druck. Anschließend können die mobilisierungsfähigen Anteile der Kohlenwasserstoffe, dem entstanden Druckgefälle entsprechend, auswandern und sich in Fangstrukturen, den so genannten Fallen sammeln. Im Falle der AH sind dies meistens Aufwölbungen von Schichten, die Antiklinalen. Dieser Vorgang kann aber nur dann zu einer EL führen, wenn dies die Porosität der Gesteine zulässt und abdichtende Schichten darüber ein Auswandern der Kohlenwasserstoffe verhindern.

Bedingung für die Bildung von EL sind ergo Sedimentbecken mit Erdölmuttergesteinen, porösen und Durchlässigen Speichergesteinen, die die Mobilität ermöglichen, abdichtenden Schichten und das Vorhandensein von Fallen wie Antiklinalen. (Meinhold 1979; 65ff, dtv 1981; 32ff, Ritter 1983;13f, Olszak 1992; 82ff, Strahler 2002; 268f)

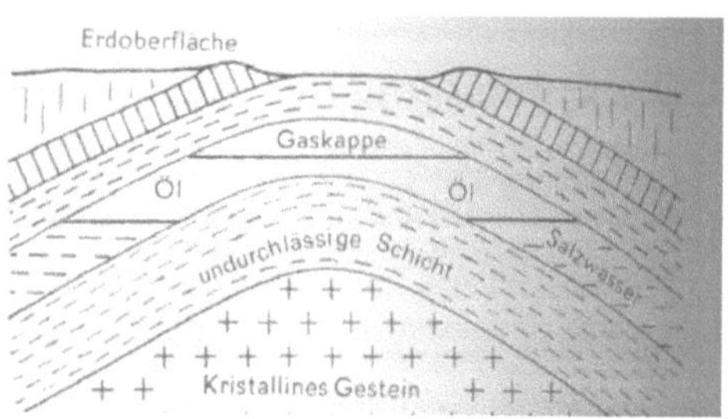


Abb. aus: Olszak 1992; 84

# 4. Stand der Exploration und Größenordnungen der Reserven

Neben den derzeit bewirtschafteten EF stehen eine ganze Reihe an bekannten, jedoch bisher nicht ausgebeuteten EL zu einer möglichen Nutzung bereit. Den Marktgesetzen folgend werden selbstredend nicht alle bekannten Vorräte auch gleich gefördert, zum einen, um den Markt nicht zu überschwemmen und so einen Preisverfall hervorzurufen, zum anderen, um auch noch in fernerer Zukunft von den Einnahmen des EX zu leben. Nur etwa ein Drittel der derzeit bekannten Felder steht in den GS unter Förderung, wobei nicht einmal nur die größten Vorkommen genutzt werden. Hinzu kommt, dass hier andere Wirtschaftlichkeitsmaßstäbe angesetzt werden, als beispielsweise in der Nordsee. Liegen die Gestehungskosten in den GS zwischen 1-2$, so liegen sie in der Nordsee bei 8-10$. So gibt es auf der AH eine Reihe an unwirtschaftliche EF, die unter den Bedingungen der BRD sehr wirtschaftlich wären.

Nur durch kontinuierliche Exploration können die Vorräte der jeweiligen GS bewertet werden. Es ist vermutlich weitaus mehr förderwürdiges EÖ vorhanden als bisher exploriert. Die GS werden also noch lange von ihren Erdöleinnahmen leben können. Zu bedenken sei jedoch auch, dass die ein Großteil der Zahlen von den ÖK selbst stammen, also von einer Lobby, die sehr daran interessiert ist, das EÖ als zukunftssichere und vor allem noch lange verfügbare Energieform darzustellen.

Im Folgenden lege ich den Schwerpunk jedoch auf SA, da hier die Datenlage am deutlichsten und aktuellsten ist. Die Menge der vermuteten EV ist vorsichtig zu bewerten, da ein Großteil SA nicht oder nur oberflächlich exploriert sind. Die staatlichen Angaben müssen darüber hinaus mit Vorsicht behandelt werden, da sich das Könighaus von höheren Angaben auch mehr Einfluss und Prestige in der Weltpolitik verspricht, was die plötzliche Zunahme der offiziellen Reserven Ende der 80er verdeutlicht. Doch genau (aber nicht nur) dank dieser Angaben ist SA bei dem exponentiell steigenden Energiebedarf der Welt eine Schlüsselstellung zugekommen. Die derzeitigen EV des Landes liegen bei 262,7 Mrd. Barrel, das entspricht 26% der Welt-EV. Wenn man den heutigen (30. April 2006) Preis von 66$ nimmt ergibt das ungefähr ein Schatz von 20.000 Mrd. $.

Im Übrigen liegen in SA derzeit doppelt so viele EF brach, wie genutzt werden. In Kuwait nutzt man alle kleineren Vorkommen in besonders intensivem Maß, um das große und sehr wertvolle EF von Burgan zu schonen, die V.A.E. verhalten sich ähnlich. Anders sieht es in Qatar und im Oman aus, die das gesamte bekannte Potenzial voll nutzen, um auf die gewünschte Einkünfte zu kommen. Eine Sonderstellung nimmt Bahrain ein, das nur über ein EF verfügt, welches sich bereits dem Ende neigt. Dass dies wirtschaftlich ein nicht zu verachtender Vorteil für die erfolgreiche Umstrukturierung der Wirtschaft für eine Zeit nach dem EÖ ist, werde ich im Folgenden noch erläutern. Doch selbst im „armen" Bahrain ist die heutige Förderung noch weitaus größer als der Inlandsbedarf. (Ritter 1983; 13ff, dtv 2005; 44ff, Barth 1998; 59ff)

## 5. Die Erdölförderung

Bei der Erdölförderung wird zwischen Onshore, also an Land, oder Offshore, also im Meer liegenden EF unterschieden. Onshore EF sind kostengünstiger zu erschließen, während hier der Abtransport des EÖ kostspieliger ist. Bei den Offshore EF kehrt sich diese Tatsache um, weswegen es sich im Endeffekt lohnt, beide Möglichkeiten der EF nach wirtschaftlichen Gesichtspunkten gleichermaßen zu nutzen, da die Fördertechnologien in beiden Fällen den Umständen entsprechend wirtschaftlich konkurrenzfähig sind und in beiden Fällen die reine Förderungskosten die 2$ Marke nicht übersteigen. Das liegt zu einen an der relativ planen Landschaft der GS, das einen Pipelinebau vereinfacht, zum anderen an der relativ geringen Wassertiefe im Offshorebereich, was den Einsatz kostengünstiger Bohrplattformen erlaubt. Im PG sprudeln die Erdölquellen darüber hinaus dank des starken, auf den Quellen lastenden geologischen Drucks von alleine, was den kostspieligen Einsatz von Pumpen wie z.B. in den EF der BRD überflüssig macht. (Meinhold 1979; 132ff, Ritter 1983; 15ff, Thiemann 1992; 82)

## 6. Der Weg des EÖ vom EF zum Konsumenten

Vom EF, ob onshore oder offshore gelegen, bedarf es in jedem Fall einer Pipeline zur nächsten Sammelstelle. Hier wird es in den so genannten Separatoren zum Weitertransport aufbereitet (Gasabfackelung etc). Das EÖ von den onshore EF fließt dann meist dank des natürlichen Gefälles von alleine zum nächstgelegenen Erdölexporthafen, seltener helfen Pumpen nach. Spätestens hier vereinigt sich dann das on- und offshore gewonnene EÖ in den großen Tanklagern der Erdölstädte, auf die im weiteren Verlauf dieser Arbeit noch näher eingehen werde. Von nun an gibt es zwei Möglichkeiten, das EÖ an die Absatzmärkte zu befördern.

Einerseits nutzt man lange Pipelines, um das EÖ näher an die Absatzmärkte heran zu schaffen. Die erste dieser Art war 1949 die Transarabische Pipeline aus Dharan in SA am PG ans Mittelmeer bei Sidon im Libanon. Von dort aus ging es dann durch das Mittelmeer nach Europa. Man nahm die Transitzahlungen an die Drittländer bewusst in Kauf, war dies doch noch immer günstiger als der Seeweg durch den Suezkanal, doch erzwangen die politischen Querelen innerhalb der arabischen Welt und die zahlreichen Konflikte der Transitländer mit Israel immer wieder längere Stilllegungen der Pipeline, die letzte dauert bis heute an. Die Vertiefung des Suezkanals regte schließlich eine weitere Transarabische Pipeline (TAP) an, die ebenfalls von Dharan ausgehend diesmal ans Rote Meer nach Yanbo führte. Der Bau der zweiten Pipeline 1981 war der politischen Lage angepasst, die sich am PG mit dem ersten Golfkrieg zwischen dem Irak und dem Iran dramatisch zuspitzte und die Straße von Hormus, die den PG mit dem Indischen Ozean verbindet, zu einem zunehmend unsicheren Nadelöhr für den Tankerverkehr wurde. SA schuf sich so einen sicheren Zugang zu den internationalen Märkten über das sichere Rote Meer. Auch andere GS zeigten sich an der Idee dieser zweiten Pipeline interessiert, doch wurde eine Pipeline zwischen dem Irak, Kuwait, SA und dem Oman zum von Krisen unberührten Indischen Ozean nie realisiert.

Andererseits fuhren seit Beginn des EX bereits Tanker durch den Suezkanal nach Europa. Die Tankerkapazitäten waren jedoch wegen der Kanalpassage auf 135.000 BRT beschränkt. Da die Wassertiefe des PG aber weitaus größere und somit wirtschaftlerische Kapazitäten hergab, fuhren schon damals Tanker mit bis zu 500.000 BRT nach Japan. Als nun der Suezkanal zwischen 1967 und 1975 zum zweiten Mal geschlossen wurde und die TAP infolge der Krisen stillgelegt wurde, wich der Rohstofftransport auf sie Kaproute aus, wo nun auch die „japanischen" Großtanker zum Einsatz kamen. Um auch weiterhin vom Öltransit zu profitieren baute Ägypten des Suezkanals aus und kann so auch 250.000 BRT passieren lassen. Trotz dieses Ausbaus wird heute nur noch der Mittelmeerraum durch den Suezkanal mit EÖ vom PG versorgt. Der Löwenanteil geht um die Kaproute nach Europa. Das Gros nehmen Rohöle ein, die erst in Europa in den Raffinerien weiterverarbeitet werden. Zwar gibt es auch in den GS Raffinerien, doch haben Erdölprodukte dennoch nur einen sehr geringen Anteil am Exportvolumen der GS nach den Industrienationen. Bei dem jeweiligen Endverbraucher landet das einstige rohe EÖ dann in Form von Brennstoffen, Teer, Textilien, Joghurtbecher etc. Die

Hauptabsatzmärkte sind die westlichen Industrien  von Nordamerika, Japan und Europa. (Ritter 1983; 21, Barth 1998, 61ff)


# 7. Die Erdölwirtschaft der Golfstaaten

## 7.1. Geschichte und Anfänge der Erdölwirtschaft auf der AH

Der erste wirtschaftliche Nutzen wurde im 10. Jh. im Perserreich verzeichnet, wo die Verehrung einer „Ewigen Flamme" mehrere Pilgerzentren entstehen ließ, was deren Wirtschaft florieren ließ. Darüber hinaus diente schon damals EÖ als kostbare Leuchtmittel, Heilmittel, Bau- (Asphalt) und Schmierstoffe und wurden somit im gesamten Arabien zum Handelsgut. Auch als Kriegswaffe machte in Form der „griechischen Feuers" Karriere. Die Gewinnungsmethoden waren auf der AH bis Anfang des 20. Jh. sehr einfach: Man schöpfte das Öl ohne Maschinen aus natürlichen Quellen bzw. aus selbst gegrabenen, nicht allzu tiefen Löchern.
Erst 1908 begann die erste Förderung der Golfregion in Persien. In den hier behandelten Ländern begann eine industriell bedeutende Förderung erst 1932, und zwar in Bahrain. Es folgten 1936 Saudi Arabien, 1946 Kuwait, 1949 Qatar und in den 60ern die V.A.E. und der Oman. Die vor dem Zweiten Weltkrieg geförderten Mengen dienten allerdings weniger der Versorgung der Industrienationen als vielmehr der Versorgung der britischen Schifffahrt, welche wiederum vor der Erschließung erster EF hauptsächlich durch nordamerikanisches EÖ gewährleistet wurde. Es wurden zwar noch am Vorabend des Zweiten Weltkrieges reiche Vorkommen gefunden, aber erst nach dessen Ende entstanden in Europa und Japan Absatzmärkte für dieses Öl. Seitdem stieg die Förderung bis in die 70er hinein stark an. (Meinhold 1979; 7ff, Ritter 1983; 10ff, Thiemann 92; 122f)


## 7.2. Strukturen der Erdölwirtschaft im Wandel der Zeit

Da der PG zur Jahrhundertwende vornehmlich unter britischem Protektorat stand, war die EF hier also eher politische motiviert und war in seinen Ausmaßen eher bescheiden; die Gewinne kamen den Briten zugute. Die Golfstaaten verfügten darüber hinaus nicht im Entferntesten über das nötige Know-how zur Exploration, Förderung, dem freien Markt für den Export standen die Protektoratsmächte im Weg. Darüber hinaus waren die Grenzen auf der AH noch nicht eindeutig definiert, da es der beduinischen Kultur widersprach, endgültige Grenzen abzustecken, sie variierten vielmehr je nach dem Prestige der umliegenden Herrscher in der meist noch nomadischen Bevölkerung. Seit der Entdeckung und der bevorstehenden Nutzung der EL kam es somit neben einvernehmlichen Regelungen auch immer wieder zu Gebietskonflikten zwischen den lokalen Herrschern, die nun auf Anfrage der Ölkonzerne (ÖK) stets ein möglichst großes Gebiet, also evtl. auch fremdes, als das Ihrige angaben. Im Jahre 1922 drohte eine erste kriegerische Auseinandersetzung, welchen die Briten allerdings mit der Errichtung der Neutralen Zone zwischen dem heutigen Kuwait und Saudi Arabien beilegten. In anderen Fällen hätte es ebenfalls Jahre bis zu einer Einigung zwischen den sehr stolzen Parteien gedauert, doch klärte meist das Geld, das den Herrschern bzw. den freiheitsliebenden Untertanen bei Akzeptierung der Machtverhältnisse, der Grenzen und der ÖK winkte. Besonders widerstandsfähige Gebiete wurden mit britischer Militärhilfe von anderen, bereits dem „EÖ verfallenen" Herrschern aufgelöst und in den jeweiligen Machtbereich einverleibt.

Waren die Machtverhältnisse geklärt, erwarben die zumeist britischen oder amerikanischen ÖK die Konzessionen zur EF. In ihren Konzessionsgebieten konnten die Konzerne frei agieren. Sie kümmerten sich zwar um Landvermessung, geologische Erkundung, die Suche nach immer noch knappen Wasser und den Aufbau einer umfassenden Infrastruktur (Straßen, Siedlungsausbau, Schul- und Gesundheitswesen), da der vor kurzem noch eher mittelalterliche Staat dazu nicht in der Lage war, doch agierten die ÖK ausschließlich in eigenem Interesse. Die einheimische Bevölkerung bekam, sofern sie nicht als billige Arbeitskräfte dienten, so gut wie nichts von dem neuen Wohlstand mit. Gute Asphaltstraßen z.B. führten lediglich von den neu gegründeten „Companytowns", die den europäischen Facharbeiter den von zu Hause gewohnten Komfort bieten sollten, zu den EF. Das damalige Konzessionssystem ermöglichte den internationalen ÖK die uneingeschränkte Herrschaft über Exploration, Produktion, Transport, Verarbeitung und Vertrieb des Öls gegen eine nur relativ geringe Gewinnbeteiligung des Staates. Das ertragreiche Geschäft der Verarbeitung fand stets im Ausland statt, weswegen paradoxerweise das Benzin zur Eigenversorgung von den Golfstaaten quasi reimportiert werden musste. Durch diese weit reichenden Rechte wurden die internationalen ÖK alsbald zum Staat im Staate, der den eigentlichen Staat in seiner

Entwicklung eher bremste, da er ja weniger am volkswirtschaftlichen Wohl der jeweiligen Nation als vielmehr an seinen eigenen Profit interessiert war.

Der Staat als „Gastgeber" der Konzerne musste selbige mit wachsender Emanzipation also früher oder später als Schmarotzer ansehen, da von dem eigenen EÖ fast nur die fremden Europäer profitierten. Aus dieser Lage heraus kam es zum allmählichen Umbruch in der organisatorischen Struktur der EW, dessen Höhepunkt die durch das Embargo der arabischen Förderstaaten hervorgerufene Ölkrise 1973 markierte. Schon in den ausgehenden 60ern beschränkten die Staaten die vorigen für das gesamte Land geltenden Generalkonzessionen der bis dato „absolutistischen" ÖK auf das tatsächliche Fördergebiet, was die Ausbildung eigener, nationaler (praktisch staatlicher) ÖK ermöglichte bzw. Konkurrenz aufkommen ließ. Neue internationale ÖK hatten genaue Vorgaben zu erfüllen, die auch im nationalen Interesse standen. Fehlten den nationalen ÖK anfangs noch die nötigen Mittel zu einer wirtschaftlich arbeitenden EW, lernten die Staaten schnell innerhalb nicht einmal einer Dekade dazu und verstaatlichten immer mehr Bereiche der EW, was meist durch Nichterneuerung oder Annullierung bestehender Konzessionen mit internationalen ÖK geschah.

Die Fesseln der ÖK wurden schließlich 1973 durch das beschriebene Ölembargo durchbrochen. Jenes hatte zwar andere Ursachen (Boykott der israelfreundlichen Länder aufgrund des Jom-Kippur-Krieges), trug aber trotzdem maßgeblich zu dieser Neuorganisierung der EW bei. Bestärkend wirkte sich auch die Tatsache aus, dass Kuwait, SA, Katar und die V.A.E. der OPEC angehörten, einem Rohstoffkartell, das den Ölpreis zu Gunsten der EÖ exportierenden Länder versucht, hoch zu halten. Dies geschieht zum einen durch Preisabsprache, aber auch durch Förderungsreglementierungen, um Überschüsse auf dem Weltmarkt zu vermeiden. In der Folge stieg der Preis wie in *Fördermengen und Preisentwicklung des Erdöls* beschrieben um ein vielfaches an, schwankte aber auch entsprechend der Marktlage, was durch das Preisdiktat vor der ersten Ölkrise nicht der Fall war. Ab dem Jahr 1973 regierten die GS den Erdölexport (EX) selbstbewusst und den eigenen Interessen folgend, dabei aber bewusst nicht allzu protektionistisch, um nicht in die politische Isolation zu geraten.

Neben den nationalen ÖK bestanden die alten Gesellschaften in anderer Form weiter. Sie sind noch heute für die nationalen ÖK als so genannte Operators in allen Bereichen der EW befasst. Insbesondere die risikoreiche Suche nach neuen EF wird ihnen besonders häufig überlassen. Für ihre Verdienste werden sie vielfach mit einem Teil des EÖ aus von ihnen gefundenen EF bezahlt. Das geförderte EÖ können die internationalen ÖK dann zu vertraglich vereinbarten Vorzugspreisen vom Staat zurückkaufen. Ein anderer Teil des Öls wird direkt durch die nationalen ÖK vermarktet oder in den neuen Industrieanlagen (siehe Strukturen der EW) verarbeitet. Auf diese Weise haben sich die Einkommensverhältnisse zwischen Staat und ÖK umgedreht. Geht man von einem (sehr günstigen) Preis von 36$ im Jahr 1983 pro Barrel aus, so gehen davon in den GS durchschnittlich 1,5$ für die kumulierten Förderkosten drauf, 1$ Gewinn für den jeweiligen ÖK. Der Löwenanteil fließt also direkt in den Staatshaushalt. Im Jahr 2003 hat z.B. SA 9.817000 Barrel zu durchschnittlich 30$ gefördert...offizielle Angaben zu den Staatseinnahmen aus dem EX existieren jedoch nicht. Förderkosten und Abgaben an die ÖK sind dabei in ihrem Prozentsatz nahezu gleich geblieben.

Für die internationalen ÖK lohnt die die Förderung bei den Spannen gerade eben noch. Deren Hauptgeschäftsfelder liegen heute deswegen in der Verarbeitung des arabischen EÖ bzw. in der Förderung auf anderen Erdteilen.

Die steigende Nachfrage nach EÖ ließ in Verbindung mit den steigenden Preisen den Zufluss an „Petrodollars" in die GS selbige stark florieren. Sie führten im Folgenden ihre Staaten, mal mehr (Kuwait), mal weniger (Oman), in das industrielle Zeitalter und schufen den arabischen Wohlfahrtsstaat, auf den später noch eingehen werde.

Eine Ausnahme von der zuvor beschriebenen Entwicklung stellt jedoch Bahrain dar, das seine EF der 1932 amerikanischen Bahrain Petrol Co überließ. Zwar wurden anfangs nur 1 Millionen Tonnen gefördert, doch sicherten sich die örtlichen Herrscher dank der Beratung britischer Wirtschaftsgelehrter anders als damals üblich die dicken Gewinne selbst, was bei einer Bevölkerung von gerade mal 100.000 zu plötzlichem Wohlstand führte. Anstatt die reichlichen Einnahmen zu behalten oder dem ÖK zu überlassen, entwickelte sich dort durch den Ausbau der Infrastruktur, durch Schulen und Gesundheitseinrichtungen der Vorreiter für die Entwicklung des heutigen arabischen Wohlfahrtstaates.

## 7.3. Fördermengen und Preisentwicklung des Erdöls

Der Ölpreis wird in New York und in Rotterdam von den dortigen Warenbörsen bestimmt, wobei sich die beiden Preise meist nicht gleichen aber in den gleichen Preissphären bewegen. Bis zur ersten Ölkrise lagen die Preise mit gut 2 $ im Vergleich zu heute sehr niedrig, die Gründe wurden bereits beschrieben. Seitdem stieg der Ölpreis stark an, was einerseits an der exponentiell steigenden Nachfrage nach EÖ liegt. Andererseits unterliegt der Ölpreis unabhängig von den „normalen" Teuerungsraten immer wieder starken Preisschwankungen, die oft auf politische Konflikte, meist innerhalb der Golfregion beruhen. Auf die politische Lage wird später noch eingegangen. Das Gros der Schwankungen basiert jedoch auf tagesaktuellen Schwankungen, die sich je nach Angebot und Nachfrage ändern. Betrachtet man die mittleren Monatspreise zwischen 1991 und 1992, so ergibt sich eine Standardabweichung von 8,1%, die lediglich aufgrund des Marktes, der sich wiederum nach der Weltwirtschaft (Konjunkturdaten, Prognosen etc.) richtet, stattfinden. So ist es unmittelbar einsichtig, dass eine längerfristige ökonomische und soziale Planung in den GS sehr schwierig ist, auch wenn den GS als so genannte „swing producers" stets Haushaltsüberschüsse sicher sind. Probleme stellen sich in diesem Punkt jedoch für SA und Kuwait, da beide seit 1983 mit den finanziellen Belastungen der Golfkrisen zu kämpfen haben und darüber hinaus einen aufgeblähten und äußerst unwirtschaftlich arbeitenden Staatsapparat unterhalten und so oftmals trotz der enormen Exporterlöse einen Haushaltsdefizit vorweisen. Darüber hinaus muss man berücksichtigen, das die in den letzten 2 Dekaden nominell stark gestiegenen Erdölpreise nicht als absolut anzusehen sind, sondern mit der Kaufkraftentwicklung der GS zu vergleichen sind. Nach dessen Berücksichtigung wuchsen die Volkswirtschaften der GS trotzdem in unvorstellbaren Maß. Aktuell liegt der Preis pro Barrel bei ca. 66$.

Parallel zur Preisentwicklung stiegen auch die Fördermengen an. Bis Anfang der Achtziger auch die Fördermengen rasant an. Seitdem sind die Fördermengen nicht mehr ganz so stark angestiegen und belaufen sich jährlich in der Region der GS auf ca. 1 Mrd. t pro Jahr, was ca. 49% der Gesamtweltförderung entspricht.

| **Staat** | **Gesamte Erdölförderung 1997 (ca.)** |
|---|---|
| Bahrain | 40,5 Mio. t |
| Kuwait | 194,0 Mio. t |

| Oman | 40,5 Mio. t |
|---|---|
| Qatar | 31,0 Mio. t |
| Saudi Arabien | 505,0 Mio. t |
| Vereinigte Arabische Emirate | 233,0 Mio. t |

Eigener Entwurf nach: Barth 1998: 64

in Kuwait zum Beispiel verzehnfachte sich die Fördermenge von 1950 bis 1975, nahm dann aber wieder ab. Auch generell ist Anfang der 80er eine leichte Trendwende der Fördermengen der GS auszumachen, was an den veränderten Marktverhältnissen liegt, da in diesem Zeitraum die UdSSR hohe Kapazitäten erschloss und so ebenfalls auf den Weltmarkt stieß bzw. die eigene Nachfrage entsprechend sank. Ungeachtet dieser Drosselung der Förderung besitzen die arabischen EF mit die größten Reserven, will heißen, dass sie die größte geschätzte Überlebensdauer haben. SA hat bringt derzeit etwa nur 9,7% des Welterdölbedarfs auf, doch lässt sich aus der Lebensdauer der Reserven in anderen Teilen der Welt eine in der Zukunft noch wachsende Bedeutung der GS erschließen.

Seit der Ölkrise und dem einhergehenden Rückgang der Nachfrage an arabischen EÖ Anfang der 80er Jahre schwanken die Fördermengen nur noch unerheblich, gehen sogar in manchen Ländern sogar leicht zurück und bescheren den erdölfördernden Staaten der AH trotzdem steigende Einnahmen dank der schwankenden aber im Mittel stetigen Verteuerung des EÖ auf den internationalen Märkten. Das ist das Resultat des damaligen Kampfes der OPEC-Länder gegen das Preisdiktat der internationalen ÖK. ( Ritter 1983; 10ff, Barth 1998; 59ff, dtv 2003; 44f)


## 7.4. Strukturen der Erdölwirtschaft und der ihr angeschlossenen Industrien in den Golfstaaten mit Schwerpunkt auf Saudi Arabien

Durch die weitgehende Verstaatlichung der EW haben sich die Regierungen auch mit den entsprechenden Problemen beladen, wie man den optimalen Nutzen aus dem EÖ holen kann. Die ausländischen Konzessionäre hatten sich bis zur Umstrukturierung der EW in den 70ern einer rein ausbeutenden Wirtschaftsform bedient, die dem Staat nahezu keine Vorteile brachte. Da die ÖK über Weiterverarbeitung bestimmten, bestimmten sie wie bereits beschrieben auch die Fördermengen und die Preise. Nachdem sich die GS jedoch emanzipiert hatten, bauten sie ihre eigene EW auf, um möglichst viel vom Gewinnkuchen des EÖ abzubekommen. Beleuchtet man die so direkt mit dem EÖ in Verbindung stehenden

Industriezweige, so muss sie in vor- oder nachgelagerte Unternehmungen einteilen, den *upstream* oder *downstream activities*.

### 7.4.1. Upstream activities

*Upstream activities* sind solche Tätigkeiten, die mit der Exploration, der Erschließung und den Bohr (nicht den Förder-)arbeiten zusammenhängen. In diesem Bereich gibt es viele Spezialaufgaben, für die es sich für die staatlichen Gesellschaften nicht lohnt, die teuren, oft ausländischen Facharbeiter auf der eigenen  Gehaltsliste zu führen. Diese Tätigkeiten umfassen u.A. Fernerkundung, geologische Untersuchung, Wasserbohrung, Wegebau, Flugtransporte, Taucharbeiten, Sprengungen, spezial Reparaturen etc. Dank großen Consulting Agenturen begann diese frühe Form des „Outsourcings" bereits mit der Verstaatlichung. Solche Aufgaben werden an kleinere ausländische und wenn möglich auch favorisiert auf inländische Spezialfirmen abgetreten. Für größere Bauarbeiten werden oft internationale Baukonzerne wie Hochtief oder Waagner-Biro unter Vertrag genommen. Sofern internationale ÖK Konzessionsträger sind, behalten sie diese unrentablen *Upstream activities* oftmals aus Prestigegründen bei bzw. sind selber in diesem Geschäftsfeld tätig und schützen sich so vor Industriespionage seitens der GS. Bis 1994 wurde kein EF von den nationalen ÖK entdeckt und in Betrieb genommen, seitdem sind zumindest in SA ständig 10 Geologengruppen zur Exploration unterwegs und 16 Bohrtrupps auf Abruf bereit, zu den anderen GS standen mir diesbezüglich leider keine Daten zur Verfügung.

### 7.4.2. downstream activities

Anders sehen die Strukturen bei den *downstream activities*, der Ölförderung nachgelagert ist. Für die Regierungen kam mit der wirtschaftlichen Raison auch die Sorge um die Zeit nach dem Ölboom auf. Vielmehr allerdings störten sie sich an dem offenbaren Missverhältnis zwischen Rohölexportpreisen und den Importpreisen für Erdölprodukte, die sie an die EÖ erarbeitenden Länder und ÖK zu zahlen hatten. Hierzu ein kleines Beispiel, was das daraus resultierende Problem verdeutlicht: Die V.A.E. exportierten im Frühjahr 1980 das Barrel Rohöl zu 29,5$, was einen Literpreis von 18$cent entspricht. Da das Land aber noch über keine Raffinerie verfügte. Musste man das Benzin zu Weltmarktpreisen aus Kuwait importieren, was es an der Zapfsäule 35$cent kosten ließ, worauthin die Regierung, um Unruhe im Volk zu vermeiden, ihn  wieder auf 19$cent herunter subventionierte.

Der Aufbau einer eigenen Erdölverarbeitenden Industrie bot sich also in allen GS an und begann in den 70ern. Man trieb ihn mit den Geldern aus den EX voran, da die Wirtschaft ohne Subventionen nicht in der Lage gewesen wäre, auf eigene Standbeine zu kommen. Man versuchte beispielsweise den EX durch eine eigene Tankerflotte selbst in die Hand zu nehmen, erreichte aber aufgrund der großen Konkurrenz von internationalen Großreedereien nur 2% des Gesamtvolumens. Lediglich Kuwait verlangt seit den 80ern, dass 70% des EÖ von Reederein abgeführt werden, die unter der kuwaitischen Flagge fahren. In das internationale Geschäft des Vertriebes, z.B. durch ein Tankstellennetz stiegen die GS außer Kuwait (Q8) ebenfalls nicht ein. Bleiben also noch der Aufbau eigener lukrativer Raffinerien und andere EÖ verarbeitende Industrien.

Als sich die GS ab 1973 steigender einnahmen erfreuten, begann man die Weichen für die Zukunft zu stellen, in der man das EÖ nicht mehr nur exportieren wollte, sondern es vielmehr zu profitableren Produkten weiterverarbeiten sollte, um das Land so weiter entwickeln zu können. Darüber hinaus sollten Arbeitsplätze für die Bevölkerung geschaffen werden. Zunächst hatte man jedoch einige Probleme zu bewältigen:

- Fehlende Infrastruktur und Fehlender Zugang zum Weltmarkt
- Qualitativ und quantitativ mangelhaftes Arbeitskräftepotenzial
- Kleiner Binnenmarkt (eben weil noch keine Industrie vorhanden war)
- Hoher Konkurrenzdruck und keine Marktmacht gegenüber den internationalen und den Weltmarkt beherrschenden ÖK

Die GS orientierten sich beim Aufbau an den Erfahrungen aus der Industrialisierung Algeriens. Das Geld dazu gab ihnen der Erlös aus dem EX. Als positive Faktoren wirkten sich die frühen 80er Jahre aus, in der eine stark wachsende nachfrage nach Rohöl und Ölprodukten bestand. Rückgrat für die neuen Industrieanlagen war das gut ausgebaute Pipelinenetz und die 1200km lange „Petroline", der zweiten Pipeline vom PG zum Roten Meer, was einen sicheren Abtransport wie beschrieben sicherte. An den beiden Endpunkten entstanden optimale Standorte zur Weiterverarbeitung des EÖ. Da flüssige Ölprodukte aber nur marginal günstiger transportiert werden können als Rohöl, stehen die GS in einer harten Konkurrenz aus den Empfängerländern mit ihren dortigen Raffinerien gegenüber, da viele Raffinerieprodukte auch weitaus schwieriger und teurer zu verschiffen als Rohöl sind. Das Rohöl beispielsweise in Rotterdam zu verarbeiten ist also wegen des

Transportaufwandes auch heute noch günstiger als in den GS. Problematisch war auch, dass die bald errichteten Raffinerien den Eigenbedarf bald mehr als ausreichend deckten. Doch mittels der Exporterlöse subventionierte man diesen neuen, viel versprechenden Industriezweig, um die Produkte trotzdem konkurrenzfähig auf dem Weltmarkt anbieten zu können. Man musste die Produkte also noch möglichst im eigenen Land zu Endprodukten weiterverarbeiten, weswegen man bald anfing, eine petrochemische Industrie, auf die ich gleich eingehen werde, aufzubauen.

Trotz aller Ambitionen entspricht beispielsweise die Gesamtkapazität der SA Raffinerien nur 4% der Weltraffineriekapazitäten, auch wenn die Regierungen die nationalen ÖK dazu drängen, möglichst wenig EÖ unverarbeitet außer Landes zu verkaufen. SA hat sich daher bei Raffinerien in den USA, in Europa und Ostasien eingekauft, um stärker am Raffineriegeschäft zu verdienen; somit verwaltet SA insgesamt 8,4% der Weltraffineriekapazitäten. (Ritter198; 22ff, Thiemann 1992, 124ff, Barth 1998; 100ff)


## 7.5. Die an die downstream activities angeschlossene Petrochemische Industrie mit Schwerpunkt SA

Die petrochemische Industrie ist den Raffinerien nachgelagert und verarbeitet deren Produkte als Energieträger oder Rohstoff (feedstock). In den zuvor beschriebenen Wirtschaftszweigen können bei weitem nicht die Arbeitsplätze geschaffen werden, die Zukunft der GS sicherten. Man baute also allmählich eine Zwischen- und Endprodukte produzierende Industrie auf, die dem Haushalt zu weiterer Stabilität verhalf und das BSP maßgeblich wachsen ließ. Erst hier wurden und werden die für die Zukunft notwendigen Arbeitsplätze geschaffen, denn pauschal rechnet man bei

- petrochemischen Zwischenprodukten: 3 Arbeitskräfte pro 1.000 t Produktionskapazität
- Weiterverarbeitung zu Endprodukten: 100 Arbeitskräfte pro 1.000 t Produktionskapazität

Wie in allen GS lockte man in SA niederlassungswillige internationale Unternehmen mit niedrigen Energiepreisen und sehr geringen Steuersätzen an, aber auch nationale Unternehmer oder öffentliche Gesellschaften. Der Staat bietet also die Produktionsfaktoren günstiger als irgendwo anders auf Welt an, um so auch das

Hinzuziehen von Folgeindustrien, auf die in den Auswirkungen der EW noch eingehen werde, zu erreichen. Als Standorte eigneten sich in besonderem Maß die Endpunkte der Petroline mit ihren Häfen wie auch die anderen großen Exporthäfen am PG. Yanbo erfreute sich dabei eines besonders regen Zulaufs, da es am Roten Meer gelegen weit weg von den Konfliktherden des PG liegt.

Aktuell liegt SA zwischen 5 und 12% der Weltkapazität für petrochemische Zwischen und Endprodukte. Kostenanalysen zeigen auf, das Anstrengungen der Vergangenheit Früchte tragen, da SA für die kosten- und energieintensive Petrochemie immer noch einen weltweit rentablen Standort abgibt, wobei die Kostengunst immer noch auf den Subventionen beruht und bei einzelnen Produkten aufgrund des zu großen Angebotes der Weltmarktpreis bedrohlich gefallen ist. Da jedoch auch in Zukunft, gerade wegen des Erstarkens der Chinesische Volksrepublik, weltweit der Bedarf an petrochemischen Produkten wieder steigen wird, wird sich die außerordentliche Rentabilität auch in den kommenden Jahren nicht abschwächen. Darüber hinaus müssen die GS aber darauf achten, dass sie die Nachfragetrends der Industriestaaten Richtig bewerten, was den für die GS unerwarteten Preisverfall von PVC (wegen seiner gesundheitsschädigenden Wirkung) verdeutlicht. Gerade in den markt- und innovationsfernen GS ist eine Marktanalyse aber schwer, weswegen die GS mehr und mehr auf Consulting Agenturen setzen. (Barth 1998; 70)

Eine zu starke Konkurrenz unter den einzelnen GS wird indes im Rahmen des Golfkooperationsrates vorgebeugt, indem man sich bei der Industrieansiedlung abspricht, um eine mögliche und vor allem unnötige Doppelung der Produktion in den GS zu vermeiden. Das Ziel ist vielmehr eine sich gegenseitig ergänzende Wirtschaft (vor allem EW) umso auf die Standortvorteile effizient nutzen zu können und alle GS am Erdölwohlstand teilhaben lassen will, soweit dies national vertretbar ist. Hier wurden auch eine einheitliche Zollpolitik, die Errichtung einer internen Freihandelszone 1983 und zahlreiche weitere, die Mitgliedstaaten näher zusammenbringende Maßnahmen verabschiedet. (Thiemann 1992; 362ff, Barth 1998; 107ff).

# 8. Sozioökonomische Auswirkungen der EW auf die GS

Die EW als Schlüsselindustrie hat für die gesamten GS gravierende, meist positive Auswirkungen. Erst dank des EÖ kam die Industrialisierung zustande, bzw. konnte ein Dienstleistungssektor ausgebildet werden. Die GS wurden mittels der EW aus dem Mittelalter in die Neuzeit katapultiert. Auf die einzelnen Auswirkungen, aber auch auf die entstandenen Probleme werde ich im Folgenden eingehen.

## *8.1. Auswirkungen der EW auf andere Wirtschaftszweige in -*

Ohne die EW wären andere Wirtschaftszweige wohl niemals in die GS gekommen, da erst das EÖ selbst und im Folgenden die EW die Standortvorteile der GS schufen. Im Grunde kann man deswegen theoretisch alle Wirtschaftszweige der GS als *downstream activities* bezeichnen, da sie alle eine Folge des EÖ und der EW und der aus ihr resultierenden immensen Menge an Investitionskapital seitens der GS sind, dank denen die Standortvorteile erst geschaffen und unterhalten werden konnten und können.

Ohne die gut ausgebaute und funktionierende Infrastruktur, den niedrigen Standortkosten, den sehr geringen Steuern auf Umsatz und Gewinne, den zum Teil seitens der Regierungen garantierten Abnahmepreisen und niedrigen Energie- bzw. Rohstoffkosten und den äußerst wirtschaftsliberal agierenden Regierungen[1] wäre dieser relativ weit vom Absatzmarkt entfernte Wirtschaftsstandort nicht entstanden. Sicherlich sind die früher noch höher zu Buche schlagenden Transportkosten (von *allen* Produkten) durch immer größere Ladekapazitäten der Transportmedien prozentual am Endpreis gesehen radikal zurückgegangen, doch vorhanden sind sie halt noch immer (siehe *downstream activities*). Dieser schrumpfende Vorteil wird allerdings von einen wachsenden mehr als kompensiert. Die von den GS im eigenen Lande künstlich niedrig gehaltenen Energie- bzw. Rohstoffpreise, aber auch die Energie- bzw. Rohstoffsicherheit, sind mittlerweile mit die größten Standortvorteile für alle Wirtschaftszweige der GS, da weltweit mit steigenden Preisen in diesem Bereich zu wirtschaften ist. Was den GS aber zunehmend Probleme bereitet, ist das politische Umfeld des PG und der arabischen Welt, auf die ich aber später noch genauer eingehen werde.

---

[1] es gibt zwar zahlreiche de facto Staatsunternehmen, an den Sozialismus erinnernde staatliche Entwicklungspläne und vielerlei Einfuhrzölle, doch wird *allen* Unternehmen im Land, wenn sie erst einmal ihren Standort eingenommen haben, sehr viel Agitationsfreiraum gelassen

Das Gros der Wirtschaftszweige ist hauptsächlich exportorientiert, da die Binnennachfrage zum einen bei weitem nicht das Produktionsvolumen deckt, zum anderen starken Schwankungen ausgeliefert ist. Je nach konjunktureller Situation schwankt die Binnennachfrage sehr stark. Die wirtschaftliche Entwicklung hängt wiederum hauptsächlich vom ständig sich ändernden Ölpreis ab, aber in nicht unbeträchtlichen Maß auch von der politischen (oft prekären) Lage am PG. Die Einnahmen der GS sind deswegen auch für die Staaten selbst nur sehr schwer vorherzusehen, weswegen der Haushalt, also auch die Staatsausgaben nur sehr schwer und zeitlich sehr begrenzt planbar sind. Langjährige und vor allem finanziell sichere Investitions- und Entwicklungspläne sind somit schier unmöglich. Um sich aus dieser nur schwer planbaren und auf Dauer gefährlichen nahezu absoluten Abhängigkeit vom EÖ zu lösen, versuchen die GS schon seit langem, andere Industriezweige, wie zum Beispiel Schwerindustrie, Düngemittel- und eine eigene Konsumgüterproduktion, aufzubauen. Standortvorteile sind wie gesagt auch an die EW gebunden, doch sei dieses Problem erst einmal ausgeklammert. Primär geht es den GS darum, die Negativfolgen der Preisschwankungen für EÖ und Erdölprodukte in Zukunft besser verkraften zu können und den Haushalt so auch mit niedrigeren Erdöleinnahmen einigermaßen konsolidieren zu können. Um dies zu erreichen, erarbeitete man erfolgreich in der Regel 5jährige Entwicklungspläne, die das erwünschte Wirtschaftswachstum lenkten und förderten.

*Für marktwirtschaftliche Länder mag es merkwürdig erscheinen, dass man sich Entwicklungspläne mit relativ klaren vorgesehenen Wirtschaftsentwicklungen gegeben hat und sich zum Teil auch heute noch gibt. In diesen Plänen sind sowohl die Standorte regional festgelegt als auch die grobe Anzahl und die ungefähre Größe der Betriebe selbst. Das eher kommunistisch anmutende Modell der Wirtschaftsplanung wird durch die sehr starke Verbreitung von Staatsbetrieben bzw. öffentlichen Unternehmen verstärkt. In diesen Strukturen ist der wirtschaftliche Sonderweg der GS zu sehen. In einem unterentwickelten Land bedarf es einer notwendigen Initialzündung, die auf diese Weise gewährleistet und aus den Exporterlösen finanziert wird. Besteht die Wirtschaft dann, kehrt man zum im Übrigen in islamischer Tradition stehenden, ökonomischen Liberalismus und dem freien Handel als Entwicklungsmaxime zurück. Dass diese staatliche Lenkung durchaus erfolgreich ist, liefert das Beispiel SA, das von 1980 bis 1995 im Schnitt 95% seiner im Voraus festgelegten Vorhaben auch tatsächlich realisieren konnte; das verdankt es letztendlich selbstverständlich das Geld aus dem EX.*

Leider stehen aus den einzelnen Ländern keine aktuellen Wirtschaftsstatistiken und Jahrbücher wie wir sie kennen zur Verfügung, weswegen ich die Abhandlungen über die einzelnen GS allgemeiner fassen werde, ohne die wichtigen Fakten und Tendenzen auszulassen.

Abschließend sei noch auf das Baugewerbe hingewiesen, dass in allen GS einen großen, oft auch den größten Anteil der Industriearbeitsplätze ausmacht, und in allen GS stets dieselben Tendenzen aufweist. Auch die Bauwirtschaft wäre zweifelsohne ohne die Impulse der EW nicht in dem Maße, wie sie heute besteht vorhanden. Dabei profitiert keine andere Branche so sehr direkt von wirtschaftlichem Wachstum wie die Bauwirtschaft, da direkt und vor allem primär von Investitionen profitiert. Sie errichtet die Vorraussetzungen für ein erfolgreiches Wirtschaften der anderen Wirtschaftsbereiche (inkl. Der EW), baut deren Infrastruktur und Fertigungsanlagen erst auf und errichtet die Wohnungen für die zahlreichen, zum Teil immer finanzkräftiger werdenden Arbeiter und Angestellten. Nach der ersten Ölkrise stieg der Ölpreis stark an, wozu die Einnahmen der GS kongruent wuchsen. Das hatte wiederum viele Investitionen im immer noch vom EW abhängigen Land zur Folge. Neben der Bauwirtschaft als „Bauwerk errichtende Wirtschaft" wuchs in der Folge auch eine Baustoff erzeugende Industrie wie die Zementfabrikation oder die Metallverarbeitung heran. Das Beispiel der Zementindustrie SA ist exemplarisch für den Werdegang der Bauwirtschaft der GS. Im Jahr 1984 zeigt sie eine Produktion von 20 Mio. t, die auch innerhalb der stark wachsenden Wirtschaft verbaut wurden. Als sich der Ölpreis 1985 halbierte, ging die Bauwirtschaft quasi nieder, die Zementproduktion sank wegen der fehlenden Exportmöglichkeiten auf 9,6 Mio. t im Jahr 1991. Dank des aktuellen Booms ist die Produktion jüngst wieder auf 22 Mio. t gestiegen, doch verdeutlicht voriges Beispiel, dass die Bauwirtschaft ein genaues aber eben deswegen auch empfindliches Konjunkturbarometer der gesamten Wirtschaft ist. Generell lässt sich aber sagen, dass ohne die EW keine anderen Wirtschaftszweige in heutigen Maße in der Lage wären, zu überleben, Sie sind im Endeffekt alle ein Produkt des EÖ. Mit dem wirtschaftlichen Aufschwung stieg auch das Importvolumen stark an, was wiederum die Wirtschaften der westlichen Industrienationen sehr positiv beeinflusst. (Ritter 1983; 28ff, Thiemann 1992; 124ff, Barth 1998; 116ff, 221ff)

## 8.1.1. - Saudi Arabien

Von SA liegen mir Branchendaten von 1982 und von 1989 eine detaillierte Sektorenaufteilung vor.

| Sektor | Anteil (%) | | | | |
|---|---|---|---|---|---|
| | 1974 | 1982 | 1986 | 1992 | 1993 |
| Erdöl und Raffinerien | 81,6 | 64,1 | 24,9 | 41,2 | 36,4 |
| Landwirtschaft | 1,1 | 1,3 | 5,9 | 6,4 | 6,9 |
| Industrie, übriger Bergbau, Elektrizität, Wasser | 1,1 | 2,1 | 5,9 | 5,1 | 5,7 |
| Bauwesen | 3,7 | 11,1 | 12,4 | 10,2 | 9,7 |
| Handel, Verkehr, Dienstleistungen | 9,0 | 14,4 | 31,1 | 20,6 | 23,2 |
| Staatliche Verwaltung | 3,5 | 7,0 | 20,0 | 16,5 | 18,1 |
| Gesamt (Mrd. US-$) | 32,2 | 139,2 | 72,5 | 133,0 | 128,0 |

(Quelle: Hans Karl Barth et al., Saudi Arabien, Stuttgart 1998 S. 116)

SA ist der größte Erdölexporteur der Welt, weswegen es nicht verwunderlich, dass die anderen Wirtschaftszweige eine geringere Rolle spielen. Ein anderer Bergbau außer der Erdölförderung wird nur in kleinem Maß betrieben (Gold).

Eine sehr kleine und höchstens regional wichtige Rolle spielt die Lebensmittelindustrie, die mit der ausländischen Konkurrenz trotz vieler staatlicher Bemühungen nicht zurecht kommt. Die chemische Industrie beschränkt sich meist auf die bereits erwähnte Erdölverarbeitung. Erstaunlich ist, dass trotz der großen Standortvorteile noch keine Aluminiumhütte entstanden ist, auch wenn bereits seit den 80ern staatliche Pläne in den Schubladen bereit liegen, was an der Verfügbarkeit weiterer Kapazitäten in den Hütten der anderen GS liegen wird. Eine Stahlindustrie oder generell eine Metall verarbeitende Industrie ist aufgrund mangelnder Professionalität der Fertigungsanlagen überwiegend für den Baubereich im Rahmen der GS tätig, steigt aber dank des wachsenden Weltbedarfs und den sich durch die Energiepreise verbessernden Standortfaktoren mittels internationaler Joint-Venture Partner allmählich auch in den internationalen Handel ein. Ein nicht unbeachtlicher Anteil des produzierenden Gewerbes nimmt die Holz-, Textil- und Lederverarbeitung ein, die jedoch hauptsächlich ohne großindustrielle Strukturen wirtschaften und ebenfalls nur von regionaler Bedeutung sind. Im sekundären Sektor sind die meisten Betriebe kleiner als 10 Mann und nur regional tätig. Konsumgüter werden größtenteils aus den Abnehmerländern des EÖ importiert.

Die Landwirtschaft konnte dank des EÖ stark ausgebaut werden. Dank modernster Brunnen können auch tiefere Grundwasserspeicher ausgebeutet werden, andernorts besorgen dank der günstigen Energie riesige Mehrwasserentsalzungsanlagen die Wasserversorgung, mit der in beachtlichen Maß Bewässerungsfeldbau betrieben werden kann, sodass SA, an sich ein Wüstenland, heutzutage Weizen in rauen Mengen exportiert. Seit 1995 ist das Land beim Getreide autark. Dennoch bleibt SA wie der Rest der GS in auf enorme Nahrungsmittelimporte angewiesen, da 0,7% der

Landesfläche als Anbaufläche auch mit größtem finanziellen Aufwand für die rasch wachsende Bevölkerung nicht reichen werden.

Mit 68% der Beschäftigten ist der tertiäre Sektor am stärksten vertreten, wobei davon 80% Dienstleistungen geringer Qualität wie Hauspersonal, Putzkräfte, Chauffeure, untere Beamte, Wachmänner, Transportwesen, etc sind. Saudis wird man in diesen 80% eher selten antreffen, da sie meist die „petrodollarschweren" Auftraggeber selbiger sind. Hier sind die meisten Gastarbeiter tätig. Die restlichen 20% werden entweder vom Handel oder von Finanzdienstleistungen und Versicherungen aufgebracht. Nur 20%, da hochwertige ausländische Dienstleistungen oftmals nicht erfasst werden. Dank der Petrodollars steigen derzeit immer mehr internationale Warenhäuser auf dem Markt SA ein. Ein Fremdenverkehr findet indes nur in nationalen bzw. islamischen Rahmen statt, westlichen Touristen wird in der Regel die Einreise verweigert. In allen GS hat der Dienstleistungssektor den größten Anteil an den Beschäftigten, auch wenn er mitunter am wenigsten zum BSP beiträgt. (Thiemann 1992; 125f, Barth 1998; 116ff, 221ff)


## 8.1.2. - Bahrain

Bahrain nimmt wie bereits beschrieben in vielerlei Hinsicht eine Sonderrolle innerhalb der GS ein. Das EÖ neigt sich dem Ende, doch gerade deswegen war Bahrain schon früher als die anderen GS mit der Frage befasst, wie es nach dem EÖ weitergehen soll. Darüber hinaus war Bahrain in den ersten Jahren der EF nicht wie die anderen GS mittels Knebelverträgen daran gehindert, die Petrodollars auch in das eigene Land zu investieren. Der funktionierende arabische Wohlfahrtsstaat, in dem soziale Absicherung, kostenloses Bildungs- und Gesundheitswesen (für Staatsbürger), bereits früh eingeführt wurde, sicherte den langfristigen Reichtum des Landes, auch wenn das Geld wegen der sinkenden EÖ spürbar knapper wurde. Ebenso spürbar sind aber die positiven Effekte aus der gelungenen Umstrukturierung der Wirtschaft, weg vom Monopol der EW, ohne die das Emirat in der heutigen Form nicht existieren könnte. Die Hauptstadt Manama profilierte sich zum bedeutendsten Finanzzentrum des PG, in dem nahezu alle internationalen Finanzunternehmen ihre Geschäfte mit dem EÖ machen und regeln. Herausstechend ist die Bedeutung als Standort für viele Offshore Bank Units, d.h. für Banken, die lediglich internationale Kapitaltransaktionen durchführen. So kommt es, dass ein Großteil der Erdöleinnahmen der anderen GS hier angelegt wird. Es ist ein bedeutendes Handels- und Transitzentrum und bietet hochwertige Dienstleistungen für den gesamten Orient an. In bedeutendem Maße wurde mit den früheren Erdöleinnahmen die Infrastruktur ausgebaut, so Straßen, Häfen, Flugplätze, das Nachrichten und Kommunikationssystem, die Energie und die Wasserversorgung und das Hotelwesen, ergo der Tourismus (momentan 4 Mio. Touristen p.a.). Das bekannteste Projekt in diesem Bereich ist der Bau der Rennstrecke, auf der auch Formel 1 Gran Prix ausgerichtet werden.

Die Werftindustrie ist die größte am PG. Die Aluminium- und Eisenverhüttung hat die größten Kapazitäten der GS und wird momentan noch weiter ausgebaut. An der Aluminiumherstellung (seit 1972 bereits) ist SA mit 50% beteiligt, was das Nichterrichten einer eigenen Aluminiumhütte erklärt. Die Großraffinerie arbeitet trotz des zunehmenden Anteils an SA EÖ immer noch wirtschaftlich. Daneben bestehen eigene Zementproduktionen, Kunststoff- und Nahrungsmittelindustrien. Landwirtschaft ist wegen des allzu kargen Bodens nur sehr bescheiden möglich. Dank des EÖ hat sich Bahrain also eine bereits vom eigenen EÖ unabhängige Wirtschaft herausgebildet, die jedoch noch immer abhängig vom EÖ des PG ist. Man kann Bahrain also bereits als ein Schwellenland ansehen. (Ritter 1983; 28ff, Thiemann 1992; 124, Scholz 1985; 76ff, dtv 2005; 182)


## 8.1.3. - Kuwait

Kuwait ist immer noch eines der reichsten Länder der Erde, trotz des Niedergangs der Volkswirtschaft mit dem Einfall des Iraks 1991. Dank der Petrodollars erholte man sich relativ schnell. Neben den 3 Großraffinerien und anderen petrochemischen Anlagen erbaute man eine große Düngemittelfabrikation. Auch als bedeutender Standort als Finanz- und Dienstleistungszentrum des Nahen Ostens gewinnt Kuwait zunehmend Bedeutung. Hervorzuheben ist im Übrigen wieder die Infrastruktur und der besonders stark ausgebaute Wohlfahrtsstaat. 83% der Kuwaiter sind im Staatsdienst, was auch vor allem daran liegt, das fast die ganze Wirtschaft staatlich gelenkt ist. Interessant ist die Tatsache, dass 10 Mrd. $ aus ausländischen Kapitalanlagen erwirtschaftet werden. Neueste Kapitalanlage ist das „Neue Schloss" in Baden-Baden, welchem der Verfall drohte. Die Scheichs kauften es dem badischen Adelshaus ab und bauen es nun für rund 100 Mio. $ in ein Luxushotel um. (Thiemann 1992; 124f, Scholz 1985; 97ff, dtv 2005; 375f)

### 8.1.4. - Oman

Oman fällt ein wenig aus der Reihe der sehr wohlhabenden GS. Es ist das ärmste Land und noch immer unterentwickelt, was an den eher geringen EV liegt. Zwar wurden grundlegende Infrastrukturprojekte unternommen, doch sind weite Teile des Landes vollkommen unerschlossen. 25,9% des Staatshaushaltes werden durch den EX und die angeschlossene EW erzielt. 70% sind in der Landwirtschaft tätig, die meist in Subsistenzform betrieben wird. Oman ist reich an Bodenschätzen, die allerdings weitgehend noch nicht abgebaut werden. Stark gefördert wurde mit großem Erfolg der Tourismus. (Thiemann 1992; 125, dtv 2005; 432)

### 8.1.5. - Qatar

90% der Staatseinnahmen stammen aus dem Export von EÖ und Erdölprodukten. Sie sind auch Grundlage für die anderen, international sehr konkurrenzfähigen Industrien (Düngemittel, Eisen- und Stahlwerk). Mithilfe der Petrodollars wurden auch sämtliche Bereiche der Infrastruktur auf modernsten Stand gebracht und ein arabischer Wohlfahrtsstaat errichtet. Die Hauptstadt Doha wurde ebenfalls ein bedeutendes Finanzzentrum. Die Landwirtschaft hat zwar nur einen einprozentigen Anteil an der Wirtschaft, doch wurden hier mittels der Petrodollars große Investitionen unternommen, um der Nahrungsmittelautarkie näher zu kommen. Qatar kann auch weiterhin voll auf seine fossilen Brennstoffe setzen, da seine Erdgasfelder noch für einige hundert Jahre in großem Maße ausgebeutet werden können. (Scholz 1985; 172ff, Thiemann 1992; 124, dtv 2005; 355)

### 8.1.6. - Vereinigte Arabische Emirate (Schwerpunkt Dubai)

Die V.A.E. sind ein Bundesstaat, der sich aus 7 Emiraten zusammensetzt. Die sozioökonomischen Verhältnisse unterscheiden sich innerhalb des Landes sehr. Die drei wirtschaftlich aktivsten sind Abu Dhabi, Dubai und Ras al-Khaima, den anderen geht es zwar nicht schlecht, sind aber wegen der fehlenden natürlichen Grundlagen verhältnismäßig unterentwickelt und hängen wegen des Reichtums der anderen mehr oder weniger an deren Tropf. Im gesamten Land ist dank des EÖ sowohl die Infrastruktur als auch der Wohlfahrtsstaat sind gut ausgebaut.

Abu Dhabi konzentriert sich noch immer hauptsächlich auf die EW, auch wenn auch hier andere Industriezweige aufgebaut wurden. Der Weg zu einem bedeutenden Dienstleistungszentrum wurde durch das Errichten eines regionalen Handelszentrums, einem Großflughafen und einem Tiefwasserhafen vorangetrieben.

Eine beachtliche Rolle spielen auch die Werfen, die Aluminium- und Stahlindustrie. Der Tourismus wird weniger forciert verfolgt.

Anders sieht es da in Dubai aus, dass außer der nötigen industriellen Infrastruktur wie sie Abu Dhabi vorzuweisen hat, außerdem einer bedeutenden Düngemittelproduktion, mit der Errichtung eines international bereits renommierten Finanz- und Handelszentrums und Dienstleistungsdrehscheibe zwischen Afrika, Asien und Europa einen großen Schritt weg von der EW unternommen hat. Ein Schritt zur Wissenschaftsgesellschaft wurde 2004 mit der Einweihung des „Knowledge Villages" gemacht, einem gewaltigen und dank internationaler Wissenschaftseinrichtungen potenter Wissenschaftsstandort, der mittels Innovationen den V.A.E. sicherlich eine EÖ unabhängigere Zukunft bescheren wird. Im selben Jahr wurde auch eine Computerindustrie in Zusammenarbeit mit Siemens aufgebaut. Der größte Wachstumsmotor ist aber der Tourismus.

Obwohl die politische Hauptstadt der VAE im wesentlich größeren Emirat Abu Dhabi liegt, verschwindet sie hinter dem Glanz Dubais. Denn in Abu Dhabi ist der Tourismus noch nicht als Haupteinnahmequelle entdeckt.

Zwischen den Hochhäusern stehen Baukräne, die nachts von hellen Scheinwerfern angestrahlt werden. Während die Urlauber ruhen, werden Häuser und Bürotürme in die Höhe gezogen. 120 Gebäude mit mehr als 30 Etagen sind derzeit im Bau, aber das entspricht lediglich zehn Prozent der Planungen. Das I-Tüpfelchen soll der Burj Dubai werden, der mit 850 Metern fast doppelt so hoch wie das Empire State Building (443 Meter) sein wird. Wo heute verspiegelte Fassaden und spektakuläre Architektur dominieren, lebten vor 50 Jahren gerade einmal 5000 Menschen. Neben dem größten und wohl derzeit bekanntesten Hotel soll ein mehrgeschossiges Unterwasserhotel entstehen. Die 3 größten Freizeitparks liegen ebenfalls in Dubai und das höchst dotierte Pferderennen findet hier statt.

Sie waren Fischer, Perlentaucher und Beduinen. Als dann in den 60er Jahren Erdöl entdeckt wurde, verwandelte sich das einstige Armenhaus in ein Paradies, in dem nichts unmöglich erscheint. Die Erdölvorkommen haben den Boom Dubais begründet und haben die gewaltigen Infrastruktur-Investitionen der letzten Jahrzehnte trotz niedriger Steuern erlaubt. Doch die Ölvorkommen des Emirats sind begrenzt; man schätzt, dass sie zwischen 2015 und 2030 erschöpft sein werden. Daher versucht Dubai bereits seit längerem, vom Erdöl unabhängig zu werden und stattdessen in den Bereichen Handel, Finanzen und Tourismus zu wachsen. Dieser Plan hat bislang funktioniert: Nur noch etwa 13 % des Bruttoinlandsproduktes stammen aus der Erdölindustrie.

Mitten im Wüstensand wurde die größte Ski-Halle der Welt aus dem Boden gestampft. Drinnen in der Halle schneit es, draußen herrschen im Sommer bis zu 50 Grad Hitze. Dazu gehört auch der Schnee in der Wüste. Die neue Nische haben natürlich auch Wintersportgeschäfte für sich entdeckt. Nebenan gibt es Kulinarisches aus Österreich und der Schweiz. Doch das Bild ist nicht perfekt, die Szenerie klischeehaft. Die asiatische Bedienung im Trachtenkostüm steht vor dem Fenster mit Blick auf die verschneite Piste es wirkt doch irgendwie unecht. Am südlichen Zipfel des Arabischen Golfs, wo ganzjährig die Klimaanlagen auf Hochtouren laufen, im Sommer über 50 Grad Celsius und eine Luftfeuchtigkeit von fast 100 Prozent herrscht, haben die  Wüstensöhne eine 3000 Quadratmeter große Skihalle erschaffen, angebaut an die zurzeit wohl exklusivste Shopping-Mall der Welt, die Mall of  the Emirates. Taxis stehen in langen Kolonnen vor der Tür. In einem Land, in dem 240 Stundenkilometer schnelle Geländewagen das Straßenbild dominieren und der Sprit noch günstig  ist, gehen die Einheimischen gerade einmal zur Toilette zu Fuß so  scheint es. Fußwege und Bürgersteige sind rar. Und so ruft man sich eben ein Taxi, um ein paar hundert Meter oder einige der vierspurigen Kreisverkehre schadlos zu überstehen. Denn die Reichen in Dubai verzichten auf nichts, das man mit Geld kaufen kann. Geld spielt keine Rolle. Die Herrscherfamilien können das  Geld kaum so schnell investieren, wie die Petrodollars Tag und Nacht in die Kasse sprudeln. Das schwarze Gold, das die großen  Industrienationen so dringend benötigen, lässt die Wirtschaft der Emirate brummen. Jährliche Wachstumsraten von acht Prozent sind im "Hongkong des Mittleren Ostens" keine Fata Morgana.

Aber wer wirklich Geld hat, wird in Kürze wohl umsiedeln und eine neue Bleibe auf einem der absoluten Prestigeobjekte des boomenden Emirats beziehen. Die spektakulärsten sind die drei künstlich angelegten Halbinseln in Palmenform: "The Palms". In den Schatten gestellt werden die Palmen aber noch von "The World": 300 Inseln   unterschiedlicher Größe bilden die Anordnung der Kontinente auf der Weltkarte nach und sollen sogar vom Mond aus zu erkennen sein. Ein Projekt wahrhaft historischen Ausmaßes. Wenn "The World" fertig gestellt ist, wird jede der Trauminseln über Entsalzungsanlage, Klärwerk und Solaranlage verfügen. Um die künstliche Welt zu schützen, wird mit 93 Millionen Tonnen Gestein eine 35 Kilometer lange Schutzbarriere errichtet. Tag für Tag wird dafür Geröll im Wert von einer Million

Dollar im Wasser des arabischen Golfs versenkt. Geld, das heute noch im Überfluss vorhanden ist. Aber auch die Scheiche wissen um die Endlichkeit der Ressourcen in ihrem Grund und Boden, die in etwa 15 Jahren erschöpft sein werden. Deshalb konzentriert man sich jetzt schon auf die Zeit danach. Und da spielt der Tourismus eine ganz große Rolle. Ob es in der Wüste schneit, ist dabei eher zweitrangig. Denn Dubai blüht  nicht nur wegen der 400 Millionen Liter Wasser, die der Wüstenstaat täglich auf seine riesigen Grünanlagen rieseln lässt. Die Krönung ist, wie ich finde, dass die Dubaier zur Hochzeit vom Scheich 20 000 Dollar und ein Haus geschenkt bekommen.

Nur die vorigen beiden Emirate verfügen über nennenswerte EV, weswegen die anderen eher unscheinbar wirken. Lediglich Ras al-Khaima verfügt über eine gut funktionierende Landwirtschaft, die dank der Mehrwasserentsalzungsanlagen und der günstigen Energie beste Erträge im Treibhaus und Bewässerungsbereich erzielen.

Die V.A.E. haben von allen GS die engsten Beziehungen zur BRD. (Scholz 1985; 196, Thiemann 1992; 126, dtv 2005; 565, Kebel 2006; 1ff)

## 8.2. Der Städtebau im Wandel des Erdölzeitalters

Mit der Industrialisierung haben sich die Siedlungen stark verändert. Umherziehende Nomaden gehören außer im Oman eher der Vergangenheit an und anstelle einfacher Lehmhütten sind in der Regel moderne Wohnräume mit durchaus westeuropäischen Mindeststandard entsprechenden Interieur und Sanitäranlagen entstanden. Nach oben hin sind der Ausstattung gerade bei den Villen der Herrscherfamilien und Unternehmer wie auch in Europa keine Grenzen gesetzt. Viel interessanter ist jedoch der Wandel innerhalb der Städte. Bis zur Industrialisierung waren die Siedlungen in den GS nach dem Grundmuster der orientalischen Stadt aufgebaut. So gab es strikt voneinander abgetrennte Viertel, die jeweils nach dem Sackgassenprinzip aufgebaut waren. Jedes Viertel hatte in der Regel nur einen auch innerhalb der Stadt bewachten Eingang. Die Viertel waren untereinander durch Hauptachsen verbunden, die sich an einem zentralen Punkt oftmals trafen, beispielsweise an der Moschee. Die Viertel waren zum einen nach religiösen und ethnischen Gesichtspunkten voneinander getrennt, zum anderen durch Berufsgruppen. Man beugte so möglichen Konflikten zwischen einzelnen Gruppen vor, da sie so innerhalb des städtischen Gemeinwesens eine gewisse Autonomie besaßen. Diese Strukturen waren über

Jahrhunderte hinweg gewachsen. Mit dem Einzug der Industrialisierung war dieses Stadtmodell jedoch nicht mehr zeitgemäß.

Nun fanden aber keine plötzlichen großräumigen Abrissarbeiten und Umbauten in den von der Industrialisierung betroffenen Städten (es waren selbstredend nicht alle Städte für die EW geeignet) statt, sondern man erweiterte sie nach westlichem Vorbild mit modernen Mietswohnungen für die Arbeiter und Eigenheimen für die Besserverdienenden, anfangs primär für die Ausländer. So entstanden um die Stadtmauer herum neue, nicht mit der Altstadt harmonisierende Vorstädte. Die neuen Hierarchien in der Gesellschaft veränderten aber auch die traditionelle Struktur der betroffenen Altstädte, was sie in ihrer Widerstandskraft maßgeblich schwächte. Die heutigen Großstädte am PG verfügen überwiegend über keine Altstadt mehr, da sie mit der Zeit durch moderne Büro-, Verwaltungs- und Geschäftshäuser verdrängt bzw. überbaut wurde. In der unüberlegten Hektik der 60er Jahre nahmen unschöne Betonklötze so ihren Platz im Zentrum ein und zerstörten gewachsene Stadtstrukturen für immer, wie u.a. das Beispiel Dubai oder Kuwait zeigt, wo keinerlei Altstadt mehr vorhanden ist. Heute ist man indes stark darum bemüht, die vorhandenen Reste zu erhalten und zu pflegen, da man erkannte, dass man sich so seiner eigenen urbanen Kultur beraubte. Dubais Skyline unterscheidet sich in den Grundstrukturen beispielsweise nur unwesentlich von den anderen Millionenstädten. Beachtlich sind jedoch die architektonischen Dimensionen. Dubai ist vor allem bekannt für seine vielen spektakulären Bauprojekte. An keinem anderen Ort der Welt entstanden in den letzten Jahren so viele weltweit Aufsehen erregende Bauwerke wie in Dubai. Dubai versucht auf diese Weise, seine prosperierende Wirtschaft zu demonstrieren und das Interesse von Touristen und Geschäftsleuten gleichermaßen zu wecken. Der Grund für den Bauboom ist aber weniger staatliche Förderung; fast alle Projekte werden von privaten Investoren getragen. Ursächlich sind vermutlich vielmehr die wenigen Bauvorschriften. Baugenehmigungen für Großprojekte erteilt der Emir persönlich nach seinen Vorstellungen und ohne Umweltverträglichkeitsprüfungen oder langwierige Bürgerbeteiligung. Den Anfang des Baubooms machte das World Trade Center Ende der 1970er Jahre damals das höchste Gebäude der arabischen Welt. An Dubais Hauptstraße, der Sheikh Zayed Road, sind so zahllose Wolkenkratzer entstanden, von denen wohl bereits jeder einzelne das Stadtbild einer mitteleuropäischen Großstadt entscheidend prägen würde.

Die alten Strukturen und Bauweisen konnten auch deshalb oft nicht bestehen bleiben, da sie in keiner Art und Weise modernen Infrastrukturanforderungen entsprachen. Besonders die Verkehrsinfrastruktur musste besonders rasant und stark ausgebaut werden, um die rasant wachsende Bevölkerung befördern zu können. Ein kostenaufwendiges Modernisieren mit Beibehaltung der alten Strukturen stand nach damaligen Maßstäben außer Frage. Die zentralen Einrichtungen, öffentliche wie auch private blieben also innerhalb der alten Stadtgrenzen. Sie zogen wegen der Prestige und des Wahrzeichencharakters des jeweiligen Ortes nicht aus. Die heutigen Zentren hatten schon immer eine Rolle als Hauptstadt, weswegen man sie als Zentrum des Landes nicht aufgeben wollte. Das Prestige der Stadt war also wichtiger, als die Stadt als Objekt selbst.

Viertel gibt es indes immer noch, auch wenn sie innerhalb der Wirtschaftszentren am PG primär zwischen Arm und Reich aufgeteilt werden, weniger nach Berufsgruppen oder den anderen Gesichtspunkten. Heutzutage geht es beispielsweise in Dubai so weit, dass sich Gastarbeiter die hohen Mieten nicht mehr leisten können, und deswegen weiter Pendelstrecken in Kauf nehmen bzw. im Auto nächtigen. Ebenso hat der Verstädterungsgrad zugenommen, in Abu Dhabi, Dubai, Katar und Kuwait liegt der Verstädterungsgrad durchweg bei über 90%. Das hat selbstredend auch die Stadtlandschaft stark verändert. So werden auf ausgedehnte Parkanlagen in der eigentlichen Wüste heute täglich 400 Mio. l Wasser gelassen, was die Dubai wie eine Oase erscheinen lässt.

In der omanischen Hauptstadt Maskat hat sich indes die traditionelle Stadtstruktur bewahren können, was einerseits an den starken konservativen Kräften, andererseits an der nicht so ausgeprägten EW und demzufolge dem niedrigeren Industrialisierungsgrad gelegen hat. Zwar erfuhr auch Maskat eine Modernisierung, insbesondere durch den Palastneubau, doch bewahrte man die Grundstrukturen, wie z.B. das Wegenetz, bei. Heute ist Maskat deswegen Hauptmotor der Tourismusindustrie im Oman. Im Oman hat man nicht den Punkt überschritten, in der eine Modernisierung der alten Zentren notwendig schien.

Hier wurden wie anfangs überall in den GS weit weg von den ursprünglichen Siedlungszentren so genannte Company Towns errichtet. Sie waren ausschließlich den Angestellten und Arbeitern der EW dienlich und weisen das europäische Schachbrettmuster auf. Es besteht eine Trennung nach unteren und hohen Gehaltsklassen, die Herkunft oder ähnliches zählt dabei nur noch in den unteren

Schichten, wo durch das Trennen nach Herkunftsländern und Kulturkreisen noch immer ausgeprägt ist, aber vielerorts auch nötig erscheint. Gewachsene Strukturen kommen nicht vor. Direkt neben der Siedlung liegen auch die Arbeitsplätze. Sie sind noch heute eher Fremdkörper im jeweiligen Staat, da sie auch heute noch vornehmlich von Gastarbeitern jeglicher Qualifikation bewohnt werden und weitab der eigentlichen und lebendigen Zentren des Staates liegen. Hier wird gearbeitet, verwaltet und Geld gemacht wird auch weiterhin in den traditionellen Hauptstädten, die aber wie gesagt meist nur noch in ihrer Rolle als Zentrum, weniger dank des Stadtbildes so genannt werden können.

## 8.3. Arbeitskräfte in den Golfstaaten

Die gesamte Wirtschaft der GS, ausgenommen des Omans, in der eine relativ hohe Arbeitslosenquote herrscht und deswegen selbst zum Entsenderland von Gastarbeitern geworden ist, bestand in den Anfängen der Industrialisierung ein gravierender Mangel an Arbeitskräften, an einfachen Arbeitern als auch an Fachkräften, da die einheimische Bevölkerung nicht groß genug war und ist, um die Wirtschaftsleistung zu erbringen. Ein weiterer wichtiger Grund war der sehr niedrige Bildungsstandard, der häufig nicht einmal die Tätigkeit als einfacher Industriearbeiter zuließ. Die ersten Gastarbeiter waren entsprechend Amerikaner und Europäer, die als hoch bezahlte Facharbeiter das Land von der Company Towns aus industrialisierten. Mit den wachsenden Bildungsstandards im Mittleren Osten und Südostasien verdrängten sehr billige Gastarbeiter von dort die „Westlichen" in die höheren Schichten der Wirtschaft, wo weiterhin Spitzenlöhne gezahlt werden. Dank des Aufbaus der arabischen Wohlfahrtsstaaten stieg indes auch das Bildungsniveau der einheimischen Bevölkerung rasch an, doch ebenso ihr Wohlstand. Von daher schieden auch sie als einfache Arbeiter und Angestellte aus, stattdessen wurden sie, bzw. der Staat dank der bereits beschriebenen Folgen der ersten Ölkrise zum großen Arbeitgeber. So ist es auch nicht verwunderlich, dass es in Dubai laut World Wealth Report rund 53.000 US-Dollar-Millionäre gibt, die knapp 4,6 % der Bevölkerung Dubais ausmachen. Dies ist eine der höchsten Millionärsdichten der Welt. Das durchschnittliche Pro-Kopf-Einkommen betrug 2005 ca. 28.000 US-Dollar, und das obwohl ein Gastarbeiter im Schnitt nur 5$ am Tag verdienen kann.

Entsprechend war die einheimische Bevölkerung meist schlichtweg nicht bereit und hatten es dank des eigenen Verdienstes oder der staatlichen Fürsorge auch nicht nötig, für derart niedrige Löhne zu arbeiten bzw. überhaupt manuelle Arbeiten oder irgendwelche Tätigkeiten zu verrichten. Mit dem zunehmenden Reichtum der Einheimischen leisteten sich immer mehr Einheimische Hausangestellte, die sie selbstredend nicht aus den eigenen Reihen rekrutieren konnten. Frauen ist es oftmals verboten, ein Auto selbst zu lenken, was das Transportwesen, sei es öffentlich oder auf Chauffeurbasis, entsprechend dem wachsenden Wohlstand, sich schnell ausbilden ließ. Schnell waren sich die Einheimischen auch für höhere manuelle Tätigkeiten zu schade oder sie wurden zu für die Betriebe bzw. den Staat zu teuer. Aufgrund des souveränen Selbstverständnisses und um die wichtigen Hoheitsaufgaben (dazu zählt weder das Militär noch die Polizei oder die Lehrerschaft etc!) arbeiten heutzutage die Mehrheit der einheimischen Bevölkerung der GS in der staatlichen Verwaltung. In Kuwait z.B. arbeiten 95% der kuwaitischen, erwerbstätigen Staatsbürger in der staatlichen Verwaltung, wobei sich nur 13,7% der Kuwaiter überhaupt in einem Arbeitsverhältnis befinden; die Mehrheit ist Eigentümer oder lässt für sich arbeiten.

Ohne Gastarbeiter war und ist der wirtschaftliche Erfolg der GS also unmöglich. Der Mangel wird noch dadurch verstärkt, dass in der islamisch geprägten Gesellschaft der GS einheimische Frauen nur sehr selten berufstätig werden dürfen und somit pauschal die Hälfte des eigentlichen Arbeitskräftepotenzials wegfällt. Die hohen Fachkräfte kommen noch immer meist aus den westlichen Industrienationen während die einfachen Arbeiter und Angestellten vornehmlich aus dem arabischen Raum, vornehmlich aus Pakistan, aber auch aus Indien, Südostasien und Afrika angeworben werden. Aus dieser Entwicklung rührt der äußerst hohe Gastarbeiteranteil an der Gesamtbevölkerung der GS, der oftmals die einheimische Bevölkerung bei weitem übertrifft. In Kuwait sind nur 43,3% kuwaitsche Staatsbürger.

### 8.3.3. Gastarbeiter in Dubai

Das Beispiel Dubai ist exzellent dazu geeignet, zu verdeutlichen, in welchem Maße die Gesellschaft von den Gastarbeitern abhängig ist. Deutlich werden aber auch die Diskrepanzen zwischen den einzelnen Gastarbeiterschichten. Sicherlich ist die Gastarbeitersituation in Dubai extrem, doch ist sie dennoch repräsentativ für alle GS, insbesondere für Kuwait. Die soziale Situation mag sich zwischen den einzelnen GS leicht unterscheiden, die Tendenzen und Prinzipien sind jedoch überall dieselben. Dubai habe ich als Beispiel gewählt, da es die deutlichsten Extreme aufweist und auch im Folgenden noch einmal Beispiel des Exkurses über die aktuellen Auswirkungen der EW Dubais sein wird.

In Dubai sind die „Dubaier" in der Minderheit. Während die einheimische Bevölkerung und hoch qualifizierte Gastarbeiter aus Europa und Nordamerika in der Regel sehr wohlhabend, auch sie gehören nicht selten den reichsten 4,6% der Bevölkerung an, sind, verfügen die meisten ungelernten Gastarbeiter nur über äußerst geringe Einkommen von weniger als 5 US-$ pro Arbeitstag. Der größte Teil der Wirtschaftsleistung wird von Ausländern erbracht, die etwa 85 % der Einwohner ausmachen, die Tendenz dieses Anteils ist steigend. Die meisten Gastarbeiter kommen aus dem südlichen Asien, Indonesien und den Philippinen; es gibt aber auch viele afrikanische Einwohner.

Essen und Trinken sind preiswert in Dubai, schließlich muss sich auch das Heer der Gastarbeiter über Wasser halten können. Denn 85 Prozent der 1,4 Millionen Einwohner sind Ausländer. Sie ziehen die Wolkenkratzer hoch, kutschieren die mehr als zehntausend Taxis, machen die Betten in den mehr als 300 Hotels oder schieben Einheimischen die Einkaufswagen in den überdimensionierten Supermärkten hinterher. Die weniger als 200.000 waschechten Emiratis dürfen ein Leben auf der Sonnenseite führen. In Dubai wird Tag und Nacht gearbeitet. Gastarbeiter schlafen zwischendurch wie bereits beschrieben oftmals einfach am Straßenrand.


# 9. Politische Lage

Die politische Lage ist seit dem 11. September 2001 in der gesamten islamischen Welt, also auch in den GS relativ angespannt, wobei SA das größte Unruhepotenzial darstellt, da der Reichtum hier nicht auf alle Landesteile gleichmäßig verteilt ist und darüber hinaus islamisch fundamentalistische Kräfte an Bedeutung gewinnen und das pro-westliche Königshaus bedrängen, wie die jüngsten Terroranschläge in SA verdeutlichen. Destabilisierend auf die Region wirkt sich auch der Einmarsch der Amerikaner und Briten in den Irak aus, wo das ganze Land bis heute noch nicht wieder zur Ruhe gekommen ist. Auch der Konflikt um das iranische Atomprogramm verbessert diese Lage nicht, da auch der Iran insgesamt zunehmend radikaler in seiner Haltung gegenüber dem Westen wird, den Haupthandelspartnern der GS.

In den kleinen GS, also nicht SA, sind diese Probleme zwar nicht direkt spürbar, doch werfen sie auch hier ihre Schatten auf die Wirtschaft. Die oftmals mehr oder minder absolut regierenden Monarchien indes sitzen trotz fehlender Demokratie und Menschenrechtsverletzungen in der Pressefreiheit etc. fest im Sattel, was im Wesentlichen am wohlhabenden und deswegen zufriedenen ergo ruhigen Volk liegt.


## 10. Fazit

Das EÖ und die EW haben das Bild der GS grundlegend verändert. Die Industrialisierung setzte also in diesem Teil der Welt zwar relativ spät, verlief dafür aber auch umso rasanter. Binnen 50 Jahre wurde aus einer der ärmsten Regionen der Welt eine der Reichsten, wenn man einmal vom Oman absieht. Vielfach ist das BIP der GS höher als das vieler westlicher Industrienationen. Noch immer besteht ein Großteil des Staatshaushalts aus EX, doch wissen die GS um ein zukünftiges Ende der Erdöleinnahmen und bemühen sich wie beschrieben mit mehr oder weniger Notwendigkeit um eine ohne die Petrodollars auskommende Volkswirtschaft, ob dabei alle so erfolgreich wie Bahrain oder Dubai sein werden, bleibt abzuwarten. Das Problem der mehr oder minder nur von einem Rohstoff bzw. einer Produktgruppe abhängigen Wirtschaft ist charakteristisch für die Dritte Welt, weswegen die GS meiner Meinung nach auch weiterhin zu dieser Gruppe gezählt werden sollte.
Die gesamte Weltwirtschaft ist vom EÖ abhängig, also auch von der EW der GS. Wie in der Einleitung bereits beschrieben, erstreckt sich diese Abhängigkeit bis in die kleinsten Nischen des täglichen Lebens. Da aber irgendwann auch die letzten EV ausgebeutet sein werden und auch, weil der durch die Verbrennung der fossilen Brennstoffe entstehende Kohlendioxid sich zunehmend negativ auf unser Weltklima auswirkt, wird man in der Zukunft nach alternativen Energien und Rohstoffen suchen müssen, die den Energie- und Rohstoffbedarf decken können. Der Energiebedarf wird dennoch ungebremst weiter steigen, besonders in den Schwellenländern wie China.

# 11. Abkürzungsverzeichnis

| | |
|---|---|
| AH | = Arabische Halbinsel |
| EF | = Erdölfeldern |
| EL | = Erdöllagerstätten |
| EÖ | = Erdöl |
| EV | = Erdölvorräte |
| EW | = Erdölwirtschaft |
| EX | = Erdölexport |
| GS | = Golfstaaten |
| ÖK | = Ölkonzerne |
| PG | = Persischer Golf |
| SA | = Saudi Arabien |
| TAP | = Transarabische Pipeline |
| V.A.E. | = Vereinigte Arabische Emirate |
| 1 Barrel | = 159 Liter |

# 12. Bibliographie


- Wigand Ritter, Der Erdölgolf, Köln 1983
- Gerd Olszak, Lagerstätten von Erdöl und Erdgas, erschienen in: Zeitschrift für den Erdkundeunterricht 3/92, Berlin 1992
- Erhard Thiemann, Die arabischen Golfmonarchien – Gesellschaft und Wirtschaft im Überblick, erschienen in: Zeitschrift für den Erdkundeunterricht 4/92, Berlin 1992
- Erhard Thiemann, Besonderheiten der sozioökonomischen Entwicklung in den arabischen Erdölmonarchien am Golf, erschienen in: Zeitschrift für den Erdkundeunterricht 11/92, Berlin 1992
- Fred Scholz, Die kleinen Golfstaaten, Stuttgart 1985, 2. Auflage 1999
- Hans Karl Barth et al., Saudi Arabien, Stuttgart 1998
- dtv, Jahrbuch 2005, Hamburg 2005
- Rudolf Meinhold, Erdöl und Erdgas, Leipzig 1979
- dtv, Diercke Weltwirtschaftsatlas 1 – Rohstoffe und Agrarprodukte, München 1981
- Fritz Blumöhr et al, Internationale Politik, Bamberg 1997
- Alan Strahler et al, Physische Geographie, Stuttgart 2002
- Götz Voppel, Wirtschaftsgeographie, Leipzig 1999
- Werner Mikus, Wirtschaftsgeographie der Entwicklungsländer, Stuttgart 1994
- Reinhard Stewig, Die Stadt in Industrie- und Entwicklungsländern, Paderborn 1983
- Jürgen Bähr, Bevölkerungsgeographie, Stuttgart 1997
- Wolfgang Schuster, Wirtschaftsgeographie Saudi Arabiens mit besonderer Berücksichtigung der staatlichen Wirtschaftslenkung
- Hans-Ulrich Bender, Räume und Strukturen, Stuttgart 1985
- Udo Steinbach et al, Politisches Lexikon Nahost, München 1979
- Bassam Tibi, Das arabische Staatensystem, Mannheim 1996
- Udo Steinbach (Hrsg.), Arabien – mehr als nur Erdöl und Konflikte, Opladen 1992
- Fred Scholz (Hrsg.), Die Golfstaaten – Wirtschaftsmacht im Krisenherd, Braunschweig 1985
- Eugen Wirth, Dubai – ein modernes städtisches Handels- und Dienstleistungszentrum am Arabisch-Persischen-Golf, Erlangen 1988
- Mathias Bruch et al, Ölpreisentwicklung und Strukturwandel in arabischen OPEC-Ländern, erschienen in: Kieler Arbeitpapiere, Arbeitspapier Nr. 180, Kiel 1983
- Hugo Dicke et al, Wirtschaftsplanung und Kapitalproduktivität in arabischen OPEC-Staaten, erschienen in: Kieler Arbeitpapiere, Arbeitspapier Nr. 201, Kiel 1984
- Diercke Weltatlas, Braunschweig 1985
- Daniela Kebel et al., Dubai - die boomende Metropole mit den neuen Märchen aus 1001 Nacht, Köln 2006
- http://www.kuwait-botschaft.de/index.html/soziales am 3. April 2006